中国石油油气田地面建设工程项目与开工报告管理规定（2017版）

中国石油勘探与生产公司　编

石油工业出版社

内 容 提 要

本书主要介绍了最新中国石油天然气股份有限公司油气田地面建设工程项目管理规定、中国石油天然气股份有限公司油气田地面建设工程项目开工报告管理规定、油气田地面建设项目总体部署编制办法等内容。

本书适合从事油气田地面建设与管理的技术人员和管理人员阅读。

图书在版编目（CIP）数据

中国石油油气田地面建设工程项目与开工报告管理规定：2017 版／中国石油勘探与生产公司编．— 北京：石油工业出版社，2018.1

ISBN 978-7-5183-2305-0

Ⅰ.①中… Ⅱ.①中… Ⅲ.①油气田-地面工程-管理-规定-中国 Ⅳ.①TE4

中国版本图书馆 CIP 数据核字（2017）第 297587 号

出版发行：石油工业出版社
　　　　　（北京安定门外安华里 2 区 1 号　　100011）
　　　　　网　　址：www.petropub.com
　　　　　编辑部：（010）64523562
　　　　　图书营销中心：（010）64523633
经　　销：全国新华书店
印　　刷：北京中石油彩色印刷有限责任公司

2018 年 1 月第 1 版　　2018 年 1 月第 1 次印刷
850×1168 毫米　开本：1/32　印张：2.625
字数：30 千字

定价：60.00 元

前　　言

　　油气田地面建设在油气开发过程中的地位十分重要，经过多年的摸索总结，中国石油油气田地面建设工程项目及开工报告管理形成了具有特色的管理办法。

　　近几年，国家发布了新的安全、环保等一系列的法律、法规，为使中国石油油气田地面建设工程项目及开工报告管理符合国家法律、法规及中国石油天然气集团公司相应的管理规定，提高油气田地面建设工程项目管理水平，中国石油勘探与生产公司组织长庆油田公司成立课题组，以现行法律法规、标准规范及相关规定为依据，编制完成中国石油油气田地面建设工程项目及开工报告管理规定。

　　管理规定满足了新形势下油气田地面建设

工程项目管理的各项要求，进一步规范了各方责任主体的建设行为，对提高工程项目管理水平和投资效益，将起到积极的促进作用。

希望通过本书的出版，使系统内管理、技术人员能够熟练掌握油气田地面建设工程项目及开工报告管理的要点，不断提高自身的业务素质水平。

2017 年 11 月

目　　录

中国石油天然气股份有限公司油气田地面建设工程项目管理规定

（2017版）

第一章 总 则

第一条 为规范油气田地面建设工程项目管理，提高中国石油天然气股份有限公司（以下简称股份公司）油气田地面建设工程项目的投资效益，实现工程建设项目工期、质量、投资和安全环保目标的有效控制，适应现代企业管理需要，增强企业竞争能力，特制定本规定。

第二条　本规定主要包括项目的前期管理、实施过程管理、HSE 管理、投资管理、进度管理、风险控制、监督与责任管理等内容。

第三条　根据《中国石油天然气股份有限公司投资管理办法》（石油计〔2016〕141 号）文件规定，依据项目性质和规模，划分为一类、二类、三类和四类项目。

第四条　项目管理应严格执行建设程序，突出质量和效益，强化风险控制，积极推广标准化设计、规模化采购、工厂化预制、模块化建设，优选承包商和供应商，加强项目全过程管理，确保项目各项目标顺利实现。

第五条　鼓励各油气田公司在依法合规的前提下，积极开展工程建设项目管理创新，对在项目管理工作中做出突出成绩的集体和个人给予表彰奖励。

第六条　本规定适用于勘探与生产公司所属的油气田地面建设工程及其配套工程的新

建、改建和扩建项目，以及授权管理的工程建设项目。海外项目除满足属地国相关法规外，其他参照本办法执行。

第二章　管理职责

第七条　勘探与生产公司职责：

（一）贯彻落实国家、行业和股份公司有关工程建设法律法规、规章制度及标准规范。

（二）负责权限范围内项目（预）可行性研究工作，组织项目可行性研究报告审批、项目初步设计审批及专项技术方案审批。

（三）组织、指导、监督建设单位办理项目专项评价和核准、备案手续并获取所需支持性文件。

（四）初审提前采购计划，审查引进设备技术方案、引进设备清单，审批或会签权限内招标方案、招标结果和可不招标事项。

（五）指导、监督项目质量、健康安全环

保（HSE）、进度、投资和风险控制等工作。

（六）组织审查和审批一类及其他特殊项目试运行投产方案，负责协调落实试运行投产所需资源。

（七）组织一类及其他特殊项目开工报告审批及竣工验收工作。

（八）股份公司授权管理的其他事项。

第八条 建设单位职责：

（一）贯彻落实国家、行业和股份公司、勘探与生产公司有关工程建设法律法规、标准规范、制度规定。

（二）组织编报项目（预）可行性研究报告，审批四类项目可行性研究报告，负责办理项目专项评价报告并获取核准、备案项目所需的支持性文件。

（三）负责提出项目管理模式，组建项目经理部。

（四）组织编制项目初步设计，审批四类

4

项目初步设计，组织施工图设计及设计技术交底、图纸会审。

（五）负责权限内物资采购、服务采购、招标组织和合同签订，以及权限外的申报工作。

（六）组织编制项目总体部署、开工报告，办理项目工程质量监督申报手续，代表勘探与生产公司审批二类项目开工报告和总体部署，审批三类、四类项目开工报告和总体部署。

（七）负责项目质量、HSE、进度、投资和风险等管理与监督。

（八）编制项目试运行投产方案，代表勘探与生产公司审批二类项目试运行投产方案，审批三类、四类项目试运行投产方案，负责项目试运行投产组织和指挥。

（九）负责项目文件资料收集、整理和归档工作。

（十）组织一类项目初步竣工验收，组织二类、三类、四类项目竣工验收。

（十一）勘探与生产公司授权管理的其他事项。

第三章　项目前期管理

第九条　油气田地面建设工程项目按类别分为产能建设地面工程项目、老油气田改造工程项目、系统工程项目等。项目前期工作按照《中国石油天然气股份有限公司投资管理办法》（石油计〔2016〕141号）实行分类与分级管理。

第十条　项目前期工作主要包括项目（预）可行性研究，项目专项评价及报批，项目审批、核准或备案，项目管理机构组建以及管理模式选择等。

第十一条　油气田地面建设工程项目的前期工作节奏可以加快，但程序不可超越。

第十二条　为了保证前期工作的质量，对于大型产能建设项目或改、扩建项目需要跨年实施的工程，在审批完可行性研究报告后，可按年度计划报审当年实施项目的投资计划。

第十三条　项目应编制预可行性研究报告和可行性研究报告。其中，三类、四类项目、安全环保项目以及经批准直接开展可行性研究的项目可不编制预可行性研究报告；其他投资500万元以下的工程建设项目、单台（套）200万元以下的非安装设备购置项目，可行性研究报告的编制内容可适当简化。预可行性研究报告未经批复，不得开展可行性研究；可行性研究报告未经批复，不得开展下一环节的工作。

第十四条　项目（预）可行性研究，应以股份公司中长期业务发展规划为依据。列入中长期发展规划的项目，按照中国石油天然气集团公司（以下简称集团公司）可行性研究管理相关规定可逐级委托开展（预）可研工作。

未列入中长期发展规划的项目，由所属企业、勘探与生产公司、总部相关部门按项目管理权限逐级提出开展（预）可研工作申请，获得批准后，再开展（预）可研工作。

第十五条　项目（预）可行性研究，应委托承包商资源库内具有相应咨询资质及业绩的承包商开展。委托方应及时向其提供准确、有效和完整的项目基础资料。

需多家承包商共同开展项目（预）可行性研究的，应明确负总责的承包商。

第十六条　项目可行性研究应按照国家和股份公司有关规定，对项目社会影响进行分析评价，研究论证当地社会条件对项目的适应性和可接受程度，评价项目的社会可行性。

项目规模大、使用土地较多、涉及拆迁和移民范围较广、对社会或生态环境影响较大的，应按照国家有关规定进行重点社会影响评价分析。

第十七条　项目可行性研究阶段应根据国家及地方政府有关规定同时开展专项评价。专项评价应委托具有相应资质及业绩的专业机构承担，专项评价报告需要获得政府相关部门批准的应按照有关规定执行。国家有另行规定的执行相关规定。

前款所称专项评价主要包含：地震、地质灾害、水土保持、土地复垦、矿山地质环境保护与治理恢复、矿产压覆、环境影响、安全、职业病危害、节能、文物调查、防洪、林评、社会稳定风险评估等。

第十八条 油气田地面工程实行备案制，项目的备案材料应根据国家及地方政府有关规定编制，满足项目备案要求。

第十九条 项目（预）可行性研究报告审批及变更，按照股份公司投资管理办法相关规定执行。

项目可行性研究报告审批应按照股份公司有关决策制度的要求，充分论证，集体决策。

第四章　实施过程管理

第一节　项目具体负责实施单位管理

第二十条　建设单位是工程建设"第一责任人"，对建设工期、质量、投资、安全环保负责。油气田地面建设工程项目应成立项目经理部，由项目经理部负责工程建设具体实施。同时，工程勘察设计、施工、监理、检测等参建单位也应实行项目管理。

第二十一条　建设单位应根据建设项目的特点选择和本单位管理力量相适应的项目管理模式。对于实施联合项目管理组（IPMT）、项目管理承包（PMC）、工程总承包（EPC）等管理模式的建设项目，建设单位应履行管理责任，监督承包商严格执行合同，不得以包代管。

第二十二条　项目管理模式选择方案应按

照以下要求履行审批手续：

（一）一类项目管理模式，报勘探与生产公司审批。

（二）二类项目管理模式，由油气田公司代表勘探与生产公司审批。

（三）三类、四类项目管理模式由建设单位自行审批。

第二十三条 建设单位在可行性研究报告批复后，方可确定项目管理承包商；在项目初步设计和概算批复后，方可确定工程施工总承包商。承担项目可行性研究报告编制和初步设计的单位，成为同一项目的工程总承包商，应按投资管理权限报批。

第二十四条 项目经理部应在项目建设单位的上级主管部门领导下组建。担任项目经理、副经理和主要专业负责人必须熟悉国家、股份公司关于基本建设的方针、政策和法律法规，熟悉与基本建设有关的规定，具备相应的职业资格。

项目经理部主要职责：

（一）负责组织或参与建设工程的初步设计、施工图设计及相关审查工作。

（二）负责组织建设项目中土地征借、外部协调、安全预评价、环境影响评价、职业病危害预评价、消防报建、用地许可、建设工程施工许可（城市规划区建设项目）、管道走向许可、工程质量监督注册等的报审工作。

（三）负责组织编制招标方案、招标文件等招标工作；经授权与中标方签订合同。

（四）负责项目建设的管理，对建设工期、工程质量、工程投资、安全环保以及工程所用材料、设备的采购等全面控制与管理。

（五）履行甲方管理职责，做好项目实施过程中各项监督检查工作，确保工程项目在工期、质量、投资、安全环保等方面达到合同要求。对不合格的工程有权决定返工、停工。

（六）负责对建设工程项目中乙方预算的初审查、工程拨款与结算以及奖罚管理。

（七）项目经理部对工程项目建设单位负责，接受建设单位上级有关职能部门的管理和监督、考核。

第二节　招投标与合同管理

第二十五条　项目招标应执行国家有关法律法规和集团（股份）公司有关规定。符合必须招标条件的，应通过招标选定承包商和供应商；符合可不招标条件的，应按招标项目管理权限履行审批手续后，可不进行招标。

第二十六条　招标项目优先委托招标专业机构组织，招标人具备编制招标文件和组织评标能力，并按管理权限取得招标管理部门资格认可的，可自行招标。委托招标的，招标人应从股份公司认可的名单中选择招标专业机构。

依照合同约定由承包商组织分包招标的，

其公开招标的资格审查结果及邀请招标的短名单应经建设单位认可。建设单位应对招标过程进行全程监督。

勘探与生产公司管理的招标项目应委托集团公司招标中心组织实施；特殊专业的，可委托集团公司认可的具有相应资质的其他招标专业机构组织实施。

第二十七条 项目招标方案、招标结果和可不招标事项，应按股份公司招标管理权限履行报批或备案手续。

国家法律法规规定必须招标的项目，应当公开招标；符合邀请招标条件的，可以邀请招标。邀请的潜在投标人应在工程建设承包商资源库和物资供应商库中选择，同等条件下优先选择内部承包商和供应商。具有高温高压、易燃易爆、有毒有害等特性的项目，投标人必须具备相应的资质、专业技术能力和业绩。

第二十八条 招标项目的工期、造价和标段划分应科学合理，建设单位不得以任何形式拆分、肢解项目以规避招标，不得任意压缩合理工期，不得迫使承包商以低于成本价格竞标。

建设单位应按照不高于批准概算投资额度进行限额招标，特殊情况应按股份公司投资管理权限报批。

第二十九条　建设单位应严格执行股份公司及本单位合同管理规定，落实合同管理责任制，做好项目合同的订立、履行工作；项目合同实行统一管理，并明确专人负责。

第三十条　建设单位应与项目承包商、供应商在交易发生前依法订立书面合同，并依照股份公司及本单位合同管理规定履行审查、审批手续。合同未生效的，不得实际履行。合同文本应优先使用股份公司合同示范文本。

建设单位在与承包商、供应商订立的合同中，应明确承包商、供应商 HSE 责任，或按照国家和股份公司有关规定同时订立 HSE 合同。

第三十一条　实行 EPC 模式的项目，工程总承包合同应以固定总价合同为主要模式。

工程总承包商为联合体的，建设单位应审核联合体成员之间签署的联合体协议书，并应作为总承包合同附件明确。做好总承包合同与联合体协议书内容的衔接。

第三十二条　建设单位应统筹协调项目各个合同的功能和内容，合理界定各主体的权利和义务，确保各个合同之间有序衔接。

第三十三条　建设单位应根据项目性质，按照股份公司有关规定，要求承包商和供应商提供履约担保。内部承包商和供应商按股份公司有关规定执行。

第三十四条　建设单位应严格执行合同履行确认制度，加强现场签证管理，禁止无权或越权签证。

第三十五条　项目合同发生变更或履行过

程中发生纠纷的，应按照股份公司合同管理办法和法律纠纷案件管理办法有关规定执行。

第三节　勘察设计管理

第三十六条　建设单位应按照国家法律法规及股份公司招标管理和承包商管理相关规定，选择具有相应资质及业绩的勘察设计承包商。

建设单位应加强勘察设计质量控制，要求承包商优先采用标准化设计成果，严格执行设计规范，不得违反强制性标准。

第三十七条　建设单位应按合同约定督促勘察设计承包商按以下要求开展工作：

（一）严格遵守国家法律法规及国家、行业、股份公司相关标准规范。

（二）采用先进、成熟、可靠的工艺技术、装备和材料，同等条件下优先采用自有的工艺技术、装备和材料，积极推动国产化。

（三）加强设计方案优化工作，优选技术先进、经济合理、安全可靠的方案，同等条件下优先使用库存物资，实现项目投资效益最大化。

（四）积极推行标准化设计，采用先进的设计方法和手段，提高设计效率、水平和质量。

（五）不得指定设备和材料供应商。

第三十八条　根据项目需要，建设单位可组织开展项目勘察工作。建设单位应明确选址勘察、初步勘察和详细勘察各阶段具体内容和要求，组织勘察承包商依照国家和股份公司相关规定开展勘察工作，形成勘察报告。勘察报告应满足项目设计各阶段工作需要。

第三十九条　项目设计应按照初步设计和施工图设计两个阶段进行。初步设计应依据批准的可行性研究报告等进行，满足长周期设备订货和开展施工图设计需要，预留合理的采购、制造周期和建设工期。施工图设计应按照

18

批准的初步设计开展，施工图设计应结合工程现场实际对工程进一步优化，满足设备材料采购、非标设备制造和施工安装的需要。实行EPC模式的项目，施工图设计由总承包商按合同约定负责组织实施。

第四十条　初步设计应由建设单位组织预审或审查，并按以下规定进行审批：

（一）一类、二类项目由勘探与生产公司审查，规划计划部会签后，报股份公司分管领导审批。

（二）三类项目由勘探与生产公司审批，报规划计划部备案。

（三）四类项目由建设单位审批，报勘探与生产公司备案。

第四十一条　经批准的初步设计，需变更投资主体、资源市场、建设地点、建设规模、工艺技术方案、主要设备选型、工程范围和建设标准等重大事项的，应按照审批权限重新报批。

第四十二条 施工图设计文件应由建设单位组织施工图会审并形成会审意见，对于需要开展施工图审查的执行政府主管部门相关规定，设计承包商应按图纸会审、施工图审查意见和相关标准规范修改完善。

建设单位应组织相关参建各方做好设计文件交底工作。

第四十三条 建设单位在与设计承包商签订的合同中，应明确设计承包商在设计、施工、工程保修阶段工作内容，以及勘察、设计成果归属。建设单位就一个项目委托多个设计承包商的，应明确划分各设计承包商之间设计工作内容与范围。

第四十四条 在工程开工前，必须对施工图进行会审。对会审中发现或提出的问题，组织施工图会审的单位应要求设计单位在限定期限内给出处理意见，修改图纸。经会审确实有必要对初步设计进行重大修改时，应按规定提交初步设计原审批部门批准。

第四十五条 施工图会审分专业会审和综合会审。专业会审应弄清设计意图、详细查对图纸细节，找出问题，做好记录。综合会审在专业会审的基础上进行，是各专业之间的综合协调会审，重点是解决各专业施工图设计的交叉配合问题。会审组织单位在与设计单位及有关专业人员协商后，确定处理意见，形成会审纪要。

第四十六条 消防、安全环保、职业卫生等专项审查应与施工图会审同步进行。

第四十七条 建设单位或授权项目经理部组织项目的设计、施工、监理、检测等单位的有关人员在开工前进行设计交底，由设计单位就施工图设计意图、设计内容、技术要求、注意事项进行说明和解释。

第四十八条 工程实施期间，设计单位应派设计代表驻现场配合施工，随时解决现场设计上出现的各类问题，及时处理解决设计变更、联络等有关设计技术问题。

第四十九条 设计单位应严格规范设计人员的设计行为，杜绝违规指定或变相指定产品。凡因此类行为造成工程损失的，应追究相关人员的责任。

第五十条 为提高设计质量，建设单位应组织或督促设计单位定期开展设计回访工作。

第四节 物资采购管理

第五十一条 项目物资采购应遵守国家和股份公司物资采购和招标有关规定，原则上采取招标采购。不具备招标条件的，可采用竞争性谈判、询价、单一来源等采购方式。

第五十二条 项目所需物资原则上由建设单位按股份公司规定的权限负责采购。实行EPC模式的项目，总承包商为中国石油内部企业的，必须符合集团公司和隶属公司物资采购的有关规定，总承包商为外部企业应按合同约定执行，建设单位应加强监督管理。任何单位、部门或个人不得以任何理由和方式，指定或变相指定供应商。

第五十三条　项目进口机电产品的采购，以及涉及股份公司限制与禁止类引进工艺、技术、装备等的采购，应按照国家和股份公司有关规定，履行审批手续。未经审批，不得自行进口，禁止以任何方式变相进口。采购进口物资应充分利用国家有关鼓励政策。

第五十四条　初步设计批复前确需提前引进的工艺技术及提前采购的长周期设备，在项目可行性研究报告批复或项目核准后，由建设单位提出申请、设计承包商出具技术证明文件，报勘探与生产公司审查。

第五十五条　物资采购应严格执行国家、行业和股份公司技术标准和项目设计文件要求。确需变更的，应经设计承包商出具设计变更单，报建设单位审批。

第五十六条　物资采购应严把质量关，加强关键设备和材料的监造、检验、验收以及运输和仓储等工作的管理，落实相应管理责任，确保物资合格入场。

属于股份公司规定应驻厂监造的重要产品和设备，建设单位应按股份公司有关规定委托监造单位实行监造。

第五节　施工管理

第五十七条　建设单位应按照国家法律法规及股份公司招标管理和承包商管理相关规定，选择具有相应资质及业绩的施工承包商。建设单位按照不同项目管理模式要求，以合同形式明确承包商的责任。

第五十八条　建设单位应加强工程施工管理与监督，不得以包代管，禁止承包商将工程转包，禁止承包商将主体工程分包、将工程肢解后分包及分包给资质不符合要求的分包商。允许分包的工程，建设单位应在与承包商签订的合同中明确分包内容，但不得指定分包商；分包商短名单应经建设单位认可，最终确定的分包商及分包合同应报建设单位备案。

第五十九条 施工单位应根据建设项目的特性、施工图文件及标书要求编制详细的施工组织设计，报项目监理单位和项目经理部审核。对于危险性较大的分部分项工程，必须编制专项施工方案，并按照规定组织专家审查。施工单位应严格按施工图设计文件及批准的《施工组织设计》和《专项施工方案》施工，不得擅自修改工程设计，要按照合同要求保证工程质量和施工进度。

第六十条 建设单位应要求施工承包商按合同约定组建现场管理机构，配备满足施工需要的人员、机械设备和生活设施，关键岗位和特殊工种应持证上岗。建设单位对参与项目的所有员工进行入厂（场）施工作业前的安全教育，根据需要可对施工承包商关键岗位人员进行考核，考核不合格的应要求更换。

第六十一条 施工单位应根据工程性质、规模和采取的施工工艺，针对工程可能出现的紧急情况编制应急预案，提高应对突发事件的处置能力，最大限度地减少事故危害。应急预案应报监理单位和项目经理部备案。

第六十二条 施工单位若发现施工图有误或设计不合理现象，应及时向监理单位、建设单位反映，商议修改意见，办理设计变更、联络等手续，按程序批准后方可施工。

第六十三条 项目施工过程中，建设单位应积极推广施工阶段质量安全管理标准化，要求施工承包商加强现场质量和 HSE 管理，制定并落实管理计划和目标，强化隐蔽工程、关键工序及设备材料质量控制，实现工程建设本质安全。

第六十四条 施工单位应定期开展专项安全检查。对于需要进行爆破作业、易燃易爆危险场所动火作业必须依照程序进行报批，经批准后方能施工，作业现场应落实专人管理；压力容器、固定吊车等特种设备安装应书面告知特种设备安全监督管理部门，经批复后方可施工。

第六十五条 施工单位应严格按照有关标准要求收集整理各种工程资料，确保资料的真实、齐全、准确，存档资料必须符合规定要求。

第六十六条 施工单位应配合建设单位、生产单位做好投产试运行工作及责任缺陷期内的保修服务工作，开展质量回访，提高服务水平。

第六十七条 施工单位和施工人员不得泄露建设单位和承建工程项目的商业秘密和技术秘密。

第六十八条　建设单位应组织协调参建各方做好工作衔接，要求参建各方按合同约定做好施工现场配合工作，解决施工中出现的问题。

建设单位应根据需要及时协调项目所在地供水、供电、通信、消防、土地、医疗等政府部门和企业，为工程施工提供保障。

第六十九条　建设单位应加强施工过程中的变更管理，建立并履行变更审批程序，及时以书面形式通知相关方实施。

第六节　监理管理

第七十条　建设单位或授权项目经理部要严格按照集团公司工程建设监理业务管理规定开展监理业务。承接集团公司工程监理服务项目还应取得集团公司工程建设承包商准入资格，并符合集团公司承包商管理的相关规定。

第七十一条　建设单位应按照国家法律法

规及股份公司招标管理和承包商管理相关规定，选择具有相应资质及业绩的监理承包商。监理承包商与被监理单位不得存在影响监理工作客观公正的利益关系。实行 PMC 模式的项目管理承包商不具备相应监理资质的，应另行选用第三方监理承包商。

第七十二条　监理工作的范围和任务由建设单位或授权的项目经理部根据工程实际予以确定。监理人员应持证上岗，现场监理人员的数量、专业和设备配备必须满足工程建设需要。

第七十三条　建设单位应按合同约定督促监理承包商按以下要求开展工作：

（一）成立项目监理机构，建立总监理工程师、总监理工程师代表、专业监理工程师、监理员各负其责的工程监理体系，配置满足工作需要、具有相应资格的监理人员，并保持人员稳定。

（二）根据项目实际编制监理规划和实施

细则，明确监理工作重点和要求，并报建设单位审批。

（三）依据设计文件和施工组织设计，按照监理规划和实施细则，采取旁站、巡视和平行检验等方式对工程质量、安全生产和工程进度实施监督检查，发现问题应及时提出改进意见、发出整改通知或责令停工，做好监理日志记录，并按规定及时归档。

（四）依据授权，对主要设备材料使用、关键工序交接验收、高危有害作业安全措施、隐蔽工程验收、施工变更、项目竣工验收等进行检查，并签字确认。

第七十四条　建设工程监理实行总监理工程师负责制和项目监理人员备案制。监理活动实施前，监理单位应到项目主管部门办理项目监理人员备案手续。

第七十五条　监理人员在施工前或施工过程中，如发现施工人员不具备资格条件，有权向施工单位提出更换该岗位人员；监理人员按标准提出的施工不合格项，施工单位必须整改。

第七十六条 项目监理人员不得泄露建设单位和被监理单位的商业秘密和技术秘密。

第七十七条 项目经理部应依据合同和工程监理规划对监理工作进行考核和监督。

第七节 工程质量检测管理

第七十八条 建设单位或授权项目经理部要严格按照中国石油油气田地面建设工程质量检测管理工作相关文件开展工程检测业务。

第七十九条 建设单位应选择具有相应资质及业绩，且与被检测承包商或供应商不存在利益关系的检测单位承担检测业务并签订合同，对项目关键工序、涉及结构安全的关键部位、重要设备、材料等质量进行检测。经检测不合格的不得安装使用或进入下一道工序。

质量检测人员应持证上岗。承接集团公司

工程无损检测服务项目还应取得集团公司工程建设承包商准入资格，并符合集团公司承包商管理的相关规定。

第八十条 工程质量检测单位应根据检测合同及相关法律、法规，按照监理单位的检测指令、相关技术标准规范及检测程序等及时开展检测工作，并对检测结果负责。

第八节 工程质量监督管理

第八十一条 建设单位在申请开工前，应按照国家和股份公司相关规定办理工程质量监督手续，未办理的不得组织施工。

第八十二条 受国家主管部门委托，石油天然气工程质量监督总站和各监督站负责对石油石化项目实施监督；其他项目报项目所在地相关专业工程质量监督机构实施监督。建设单位和参建各方对工程质量监督发现的问题应及时组织整改。

第八十三条　工程质量监督机构应按照石油天然气建设工程质量监督程序的规定成立项目监督机构，制定工程质量监督计划，并进行工程质量监督交底。

第八十四条　工程质量监督机构应依据国家法律法规、标准规范以及有关规定，对建设各方责任主体质量行为和工程实体质量进行抽查。参加工程项目的竣工验收和工程质量事故的处理工作，并向工程项目竣工验收组织提交工程质量监督报告。

第八十五条　工程质量监督人员应持有任职资格和岗位资格证书，方能从事工程质量监督工作。

第九节　投产试运行管理

第八十六条　试运行投产是指工程中间交接后到竣工验收前对工程的设计功能、工艺设备的适应性、质量等各项技术经济指标进行试运行考核。项目试运行投产前，建设单位应做好生产人员配备、培训以及技术、物资、资金、生产配套条件、产品市场营销及外部条件准备等工作。

第八十七条　建设单位应按合同约定，组织总承包商、施工承包商、监理承包商和设备供应商进行项目单机试运行，并在试运行合格后签字确认。单机试运行合格后，建设单位应按合同约定与总承包商或施工承包商办理中间交接手续。

第八十八条　建设单位应成立试运行投产组织协调机构，统一组织试运行投产工作，组织编制试运行投产方案，按程序审批后实施。

建设单位应梳理项目试运行投产和运行风险，编制专项应急预案，并提前组织开展应急演练。

建设单位应按规定办理安全、环境保护、职业卫生、消防、防雷防静电等专项验收手续；签订供水、供电、通信等协议；向政府主管部门办理压力容器等特种设备取证、应急预案备案等。

第八十九条 项目联动试运行和投料试运行由建设单位组织实施，并由建设单位在工程试生产实施前组织完成联动试运方案和投料试运方案的编写，相关专业要求应由参建单位配合完成，建设单位负责协调参建各方解决试运行过程中出现的问题和缺陷。

第九十条 联动试运行合格后，建设单位应尽快组织施工、设计、监理等参建单位进行交工验收。

项目已具备试运行投产条件，非承包商原因不能按期试运行投产的，建设单位应与承包商协商，延长承包商保管期限，并给予合理的经济补偿。

第九十一条 投料试运行合格后，建设单位负责组织实施生产考核工作，对项目生产能力、工艺技术指标、环保指标、产品质量、设备性能、自控水平、能耗、消耗定额等进行全面考核。

第十节　竣工验收管理

第九十二条　工程建设项目具备竣工验收条件的，按照《中国石油天然气股份有限公司工程建设项目竣工验收管理办法》、《中国石油天然气股份有限公司油气田地面建设工程（项目）竣工验收手册》的规定，由建设单位组织本单位相关部门、工程质量监督机构，以及勘察、设计、施工、监理、检测等参建单位、生产单位开展预验收、竣工验收工作。竣工验收包括专项验收和总体验收。

国家组织竣工验收的项目，经勘探与生产公司审查通过后，由股份公司报请国家主管部门组织；一类项目由勘探与生产公司组织，二类、三类、四类项目由油气田公司组织验收。

建设单位应要求参建各方按合同约定做好竣工验收配合工作。

第九十三条　项目经竣工验收不合格的，建设单位应根据验收意见组织限期整改，并按权限重新申请竣工验收。

第九十四条　建设单位应按有关规定及时办理土地登记，取得土地使用权证。使用划拨国有土地的，建设单位应在竣工验收后及时办理土地登记手续。

第九十五条　建设单位应按规定及时接收项目资产，参建各方应提供相关资产清单并办理资产移交手续。

第五章　HSE 管理

第九十六条　建设单位是项目 HSE 责任主体，应按照国家和股份公司有关 HSE 法律法规和规定，配备项目 HSE 管理人员，统一协调、监督参建各方的 HSE 工作。

第九十七条　建设单位应按照有关规定，组织开展环境影响评价、安全评价、职业病危害预评价、水土保持等专项评价及安全设施设计审查、职业病防护设施设计评审、水土保持方案审查和消防设计审核等相关工作，并取得相关批复或备案手续。

第九十八条　建设单位应按照政府规定委托环境监理单位，针对相应工程开展环境监理工作。

第九十九条　建设单位应按合同约定要求参建各方建立并有效运行 HSE 体系，落实 HSE 责任，加强项目全过程危害辨识、评估、控制和应急管理，防范事故发生。

第一百条　油气处理和储运等具有流程性工艺特征的项目，建设单位可在初步设计审查前或工艺包设计完成后开展危险与可操作性分析（HAZOP 分析），分析结果应在后续工作中逐项落实。

第一百零一条　项目安全设施、环境保护设施、消防设施、职业病防护设施、水土保持设施等应与主体工程同时设计、同时施工、同时投入生产使用。

第一百零二条　项目 HSE 施工保护费实行专款专用，建设单位应在招标文件中列出 HSE 施工保护费用项目清单，投标人的报价中应单列此项费用。建设单位应及时足额拨付给项目参建各方，不得挪作他用。总包单位应当将安全费用按比例直接支付分包单位并监督使用，分包单位不再重复提取。

第一百零三条　施工企业的项目负责人和专职安全生产管理人员等安管人员应当通过其受聘企业向考核机关申请安全生产考核，并取得安全生产考核合格证书。

第一百零四条　发生 HSE 事故，建设单位应立即启动事故应急预案，防止事故扩大，避免和减少人员伤亡及财产损失，并按规定及时上报，禁止迟报、瞒报。事故调查处理应按国家有关法律法规和股份公司有关规定执行。

第六章　投资管理

第一百零五条　建设单位应按照股份公司投资管理有关规定，对项目建设全过程进行投资控制。

第一百零六条　编制项目可行性研究投资估算、初步设计概算、施工图预算应按照股份公司工程造价等相关管理规定及标准，原则上概算应控制在估算内，预算应控制在概算内。

初步设计概算超过批准可行研究投资估算10%及以上的，必须重新编制可行性研究报告并按程序报审。超过批准可行性研究投资估算且在10%以内的，按照管理权限和程序组织复审。

初步设计概算投资批准后，一般不得调整。因特殊原因确需调增和调减概算投资的，按照管理权限和程序组织报审。

第一百零七条　项目初步设计批准后，建设单位应根据进展情况，分批上报投资建议计划，股份公司计划部门按程序审核后下达投资计划，财务部门根据投资计划和项目建设进度向建设单位拨付资金。未列入股份公司年度投资计划的项目不得实施，不得开展招标和提前采购。

第一百零八条　建设单位应组织限额设计、限额采购和限额招标，控制设计变更和材料预算，禁止擅自提高设计标准。

第一百零九条　建设单位应加强项目资金管理，专款专用，按股份公司有关规定支付建设资金，不得拖欠或超拨，禁止挤占、截留或挪用，严禁搭车工程、钓鱼工程。

第一百一十条　建设单位应严格项目投资管理，不得随意变更建设内容和建设标准，项目投资必须严格控制在已批准的投资计划内。

当工程建设出现重大变更或环境条件发生重大变化，或因不可抗力及其他特殊原因，投资超出已批准额度，建设单位应按管理权限报批。

第一百一十一条　建设单位应按照国家和股份公司有关规定，在项目竣工结算后编制项目竣工决算报告，按股份公司审计管理规定进行审计。

第七章　进度管理

第一百一十二条　建设单位应在项目总体部署批复后，编制项目进度计划。项目进度计划应按照总体部署确定的工期目标和质量目标，统筹考虑设计、物资采购、工程施工、外部环境、资源、资金及风险等因素后进行编制，确保工期目标实现。

第一百一十三条　项目进度计划实行分级管理。一级进度计划是项目总进度计划，由业主项目部编制并报建设单位批准，在批复的总体部署中已列明总进度计划的不再重复编制；二级进度计划是项目控制进度计划，由业主项目部按照项目各阶段分类编制；三级进度计划是项目具体实施计划，由各承包商和供应商编制，报监理承包商审查、业主项目部审批后执行。

第一百一十四条　业主项目部应监督参建各方执行已批准的项目进度计划，分析项目进度风险，落实进度控制措施；建立项目进度报告制度，定期召开现场进度协调会议，分析进度偏差原因，采取相应措施，确保项目按计划进度实施。

第一百一十五条　需要调整项目进度计划的，应按进度计划审批权限履行审批手续。一类及其他特殊项目一级进度计划调整与批复的总体部署确定的工期目标不符的，应报勘探与生产公司审批。

第一百一十六条　建设单位必须严格执行

建设程序，制定合理项目进度计划，科学组织，优化运行，严禁"三边工程"（边设计、边施工、边投产）。

第八章　风险控制

第一百一十七条　建设单位应加强项目风险管理，根据风险控制费用与投资效益配比的原则，将项目风险管理贯穿于项目建设全过程，通过有效的风险管理，实现项目质量、HSE、进度、投资等控制目标最优化和风险管理成本最小化。

第一百一十八条　建设单位应对项目可行性研究、工程设计、物资采购、工程施工、生产准备、试运行投产、竣工验收等各个阶段进行常态化风险识别及评估，持续分析风险变化趋势，及时提出风险解决方案，实现风险动态循环管理和有效管控。

第一百一十九条　建设单位应组织参建各

方对项目全过程进行风险识别，重点关注设计方案、重大施工、安装作业、试运行投产等主要活动中可能发生的风险事件，形成项目风险清单。

第一百二十条　建设单位应依据股份公司风险评估规范，对识别出的风险事件予以定性、定量分析，依据其发生概率和影响程度确定综合排序，形成项目风险评价报告，结合自身风险偏好和承受度，选择风险回避、抑制、自留或转移等合适的风险应对策略，制定针对性风险解决方案，并合理配置资源，确保风险解决方案落到实处。

第一百二十一条　建设单位根据股份公司有关规定，可通过工程保险转移项目风险，并按合同约定组织参建各方统一办理工程保险。因工程变更等原因，保险期限和范围发生变化的，应及时通知保险公司。

第九章　监督与责任

第一百二十二条　勘探与生产公司按照相关管理制度，对项目建设进行监督检查，并督促建设单位对监督检查发现的问题及时进行整改。

第一百二十三条　建设单位应落实项目建设主体责任，将监督检查贯穿于项目建设全过程，确保项目质量、HSE、进度、投资、风险控制等符合国家和股份公司相关规定和目标要求。

第一百二十四条　违反本办法及相关制度规定有以下行为之一的，给予批评教育；情节严重的，按有关规定对相关责任人给予处分；涉嫌犯罪的，移交司法机关处理：

（一）未按规定开展项目可行性研究的。

（二）项目可行性研究分析和论证不充分、不深入、不真实，导致决策失误的。

（三）未按规定履行可行性研究报告、总

体设计、初步设计和施工图设计等审查程序，或者不认真履行审查职责的。

（四）违反决策权限和程序，擅自决策项目的。

（五）应招标未招标、人为干预招标及其他违反招标规定和程序的。

（六）擅自改变项目建设规模、内容和标准的。

（七）违反法律法规和强制性标准进行设计和施工的。

（八）转包或者违法、违规分包工程的。

（九）未经批准或未取得法定开工手续自行开工建设的。

（十）施工过程中对环境、社会稳定造成不良影响的。

（十一）未经批准擅自组织项目试运行投产的。

（十二）未按规定进行项目竣工结算、决

算、验收的。

（十三）违反股份公司投资、质量、HSE、招标、物资采购、合同等管理规定应处罚的，从其规定。

第一百二十五条　承包商、供应商未按合同约定履行相应义务，导致项目出现质量问题，发生质量、HSE事故，或者造成经济和信誉损失的，建设单位应追究其合同违约和损失赔偿责任，并按承包商、供应商准入管理有关规定处理。

第十章　附　　则

第一百二十六条　本规定由中国石油天然气股份有限公司勘探与生产分公司负责解释。

第一百二十七条　本规定自发布之日起施行，原《中国石油天然气股份有限公司油气田地面建设工程项目管理规定》（油勘函〔2010〕229号）同时废止。

中国石油天然气股份有限公司油气田地面建设工程项目开工报告管理规定

（2017 版）

第一条　为加强中国石油天然气股份有限公司（以下简称股份公司）油气田地面建设工程项目管理，坚持基本建设程序，认真做好工程建设准备工作，严格开工报告审查，根据国家有关法规和中国石油的有关规定要求，结合油气田地面建设项目规模的实际状况，特制定本规定。

第二条　一类项目由股份公司勘探与生产分公司（以下简称勘探与生产公司）负责审批开工报告，二类项目由油气田公司代表勘探与生产公司审批开工报告，三类、四类项目由油气田公司审批开工报告。

其他特殊项目报勘探与生产公司审批开工报告。

第三条 地面建设项目开工必须具备以下条件：

（一）项目投资计划已下达；项目建设单位与施工、监理、检测等承包商已签订承包合同及 HSE 合同；开工所需的设备、材料、人员、施工机具等已落实。

（二）安全预评价、环境影响评价、职业病危害预评价、消防报建、用地许可、建设工程施工许可（城市规划区建设项目）、管道走向许可、工程质量监督注册等已批复完成。

（三）已经审查批复建设项目实施总体部署、施工组织设计、质量计划、监理规划。

（四）开工部分的施工图纸已审查提交，并保证连续施工。

（五）施工单位、监理单位已按程序成立项目经理部和项目监理部，人员具有相应的资质，专业人员配置满足项目需要。

（六）施工现场实现水、电、路、讯畅通，场地平整，达到"四通一平"的要求。

（七）满足法律法规规定的其他条件。

第四条 油气田地面工程项目的开工报告由项目具体负责实施单位编制，工程项目开工报告格式执行附件1。

第五条 建设项目总体部署是建设项目实行项目管理的重要指导性文件，作为申请开工报告的附件一并上报。

第六条 负责开工报告的审批部门，必要时组织现场检查核实开工条件。对未达到开工条件的，不予批准开工。

第七条 审批部门自收到开工报告之日起七个工作日内，对符合条件的项目给予批复；项目具体负责实施单位应当自开工报告批复之日起一个月内开工；在建工程因故中止施工的，应向审批部门报告，中止施工满一年的工程恢复施工前，需重新办理开工报告。

第八条　本办法由勘探与生产公司负责解释。

第九条　本办法自发布之日起施行，原《中国石油天然气股份有限公司油气田地面建设工程项目开工报告管理规定》油勘函〔2010〕225号文件同时废止。

附件1：油气田地面建设工程开工报告

附件1

油气田地面建设工程开工报告

报告编号

工程类别

工程名称

填报单位

上报日期　　　年　　月　　日

工程项目名称			
工程项目建设地点			
建设单位		项目经理	
勘察设计单位		项目负责人	
监理单位		总监理工程师	
施工单位		项目经理	
建设工期		拟开工日期	
可研报告批准文号			
初步设计批准文号		批复概算	万元
环境影响评价		安全预评价	
职业病危害预评价		土地许可	
消防建审（备案）		建设工程施工许可证（城市规划用地项目）	
国家或地方政府规定的其他开工前需要办理的前置性手续			
质量监督注册号		监理合同编号	
施工合同编号		无损检测合同编号	
建设规模（能力）及主要工程内容：			

54

主要材料设备需用量、订货、到货情况：

总体部署、施工组织设计、质量计划、监理规划、HSE "两书一表"、"四通一平"等情况：

施工、监理人员及机具等施工资源落实情况：

施工图到位情况：

项目具体负责实施单位组织机构和制度建立情况：

建设单位主管部门意见：

签字：　　　　　　（公章）

年　　月　　日

建设单位主管领导意见：

签字：　　　　　　（公章）

年　　月　　日

审批部门意见：

签字：　　　　　　（公章）

年　　月　　日

油气田地面建设项目
总体部署编制办法
（2017 版）

第一章 总 则

第一条 为加强中国石油天然气股份有限公司（以下简称股份公司）油气田地面建设项目总体部署工作，提高项目实施的计划性、科学性和经济性，根据《中国石油天然气股份有限公司油气田地面建设工程项目管理规定》，制定本办法。

第二条 建设项目总体部署是建设项目实行项目管理的重要指导性文件。需经股份公司勘探与生产分公司（以下简称勘探与生产公司）批准开工报告的油气田地面建设项目，必须编制建设总体部署，统筹安排各项工作。项目建设过程中建设、设计、施工、监理、物资采购、生产准备等单位的工作都必须纳入总体部署。

第三条　本办法适用于新建及改扩建的油气田地面建设工程项目及其配套工程。

第四条　建设项目总体部署应以批准的可行性研究报告和初步设计文件为依据，结合项目的实际情况进行编制。

第五条　建设项目总体部署的编制工作在可研报告批准和项目部组建后开始筹划，在主要施工、物资等招标完成后 20 日内完成。一类项目由勘探与生产公司负责审批，二类项目由油气田公司代表勘探与生产公司审批，三类、四类项目由油气田公司审批。

第六条　建设项目总体部署的编制工作由

项目具体负责实施单位组织设计、施工、监理、物资采购、生产准备等有关单位共同编制完成，经批准后实施。

第二章　编制内容与要求

第七条　建设项目总体部署主要包括前言、总论、设计管理、物资采购管理、工程管理、生产准备及试运投产、项目收尾、外事管理、建设资金管理、信息沟通、风险管理等章节，建立项目管理执行的相关法律法规、规章制度、标准规范指引等，具体内容详见《油气田地面建设项目总体部署编制大纲》。

第八条　建设项目总体部署的编制应结合项目实际，做出总体安排。不同工程可根据实际情况有所调整，但总体框架不变。

第九条　建设项目总体部署中的工期、质量、投资等指标根据批准的可研报告或初步设计、国家或行业法规确定，要体现其严肃性。

（一）总体部署要有明确的质量、工期、投资以及安全、环保、职业卫生等控制指标，并制定相应的措施，做到切实可行，便于操作。

（二）总体部署要结合项目特点制定出合理的建设工期以及施工图交付计划、物资采购计划和资金需求计划等，各项计划都要与工程建设进度相衔接，以分解目标保证总体目标的实现，并制定出保证工期的主要措施。

（三）总体部署要有明确的质量方针和目标，以及保证设计、施工、监理、物资采购、试运行投产、生产准备等质量的主要措施。

（四）总体部署要以批准的初步设计概算为依据，制定出控制投资的目标，以及各部门、各项工作、各工程项目和各单项工程的投资控制措施。

第十条 建设项目总体部署的编制要充分注意外部条件的落实。外部条件是指水、电、交通、征地等保证条件和国家对职业卫生、环保、安全、消防、特种设备等的规定。

第十一条　建设项目总体部署是申请开工报告的附件，与《建设工程项目管理规范》的项目管理规划实施大纲等同，也可以与《中国石油天然气股份有限公司工程建设项目管理办法》的项目管理手册等同。

第三章　附　　则

第十二条　油气田公司可参照本办法制定本企业项目总体部署编制办法。

第十三条　本办法自发布之日起执行。

油气田地面建设项目
总体部署编制大纲

前　　言

阐述编制依据、目的、原则及需要说明的重大问题。

第一章　总　　论

第一节　项目概况

（一）建设依据：批准的可行性研究报告等批准立项文件。

（二）建设目的和意义：对股份公司的经

济意义和对国家、地方的社会意义。

（三）工程现场条件：地理位置、气象条件、工程及水文地质、水电讯来源、交通运输条件以及社会依托条件等。

（四）环境影响及保护：主要污染源、污染程度、控制指标以及治理、监测措施等。

（五）主要建设内容、主要实物工程量及技术经济指标。

（六）工程建设特点：包括建设组织、设计、施工、环境和社会依托等方面。

第二节　管理目标

（一）以工期、质量、投资、安全、环保等控制指标为主要内容的管理目标。

（二）工期安排原则的说明及运行大表。

（三）工程质量目标及质量保证体系。

（四）按批准概算控制投资的目标及措施。

（五）工程安全环保管理目标及保证体系。

63

第三节　项目管理机构

（一）项目管理机构任命情况。

（二）项目管理机构的组织形式及职责划分。

（三）项目管理机构目标管理及项目经理责任制落实情况。

第四节　外部条件

工程建设中需要地方和有关部门协调解决的重大问题。

第二章　设计管理

第一节　概　　况

（一）初步设计审批情况，与可研报告相比有哪些重大变化。

（二）设计特点简述。

（三）设计工作进度。

第二节　管　理

（一）对设计文件质量、进度的要求及保证措施。

（二）项目经理部提供的基础设计数据及设备订货过程中厂家返回的基础资料准确性、及时性的措施。

（三）组织初步设计预审及施工图设计交底、图纸会审、设计现场服务的措施。

（四）对技术谈判、设计合同及设计拿总院的管理措施。

（五）设计控制投资及保证概算准确性的措施。

（六）控制设计变更的措施。

第三章　物资采购管理

第一节　概　况

（一）概述本工程物资采购总量。

（二）材料设备的引进工程量。

（三）根据工期安排和关键控制点简述并列表说明主要设备及三材的计划交货时间。

第二节 管 理

（一）物资采购的工作程序网络。

（二）采取"货比三家"、招标择优订货的措施。

（三）合同签订和执行过程中保证工期的措施。

（1）材料设备到货与工程衔接的保证措施。

（2）按照工程进度要求，对长周期及关键设备订货的组织和管理措施。

（3）配套供应的组织管理及协调措施（包括设备的图纸资料、大型设备分批到货的配套供应、专用工具的配套供应、设备配件及辅助材料的配套、工程使用材料的配套等）。

（四）合同签订和执行过程中保证订货质量的措施。

（五）合同签订和执行过程中控制投资的措施。

（1）设备及大宗材料按概算控制投资的措施。

（2）按工程进度优化到货时间的措施。

（六）控制投资、保证质量和工期的责任及激励措施。

（七）其他。

第三节　接、保、检、运

（一）材料设备检验。

（1）检验机构设置及职责。

（2）检验工作程序。

（3）检验工作制度（包括对关键及特殊要求的材料设备进行复验和补验以及驻厂监造制度等）。

（4）检验采用的技术标准。

（二）材料设备的运输、接受和保管。

（1）材料设备运输、接受和保管的管理措施（包括引进供货合同与接、保、运的衔接措施）。

（2）超限大件汇总说明并列表。

（3）超限大件运输组织指挥系统及职能、工作程序。

（4）超限大件运输主要措施。

（5）特殊材料设备接收及保管措施。

第四章 工程管理

第一节 施工任务落实

（一）施工任务特点及主要实物工程量。

（二）施工队伍选择原则及主要实施意见。

（三）施工任务落实情况。

第二节　进度计划

（一）施工总体计划编制原则、部署意见、管理目标及关键控制点。

（二）施工总体进度计划网络图。

（三）建安施工力量需用计划。

第三节　重大技术措施

（一）工程施工难点、危险性较大的分部分项工程、新工艺、新技术、新材料及特殊施工要求所采取的重大技术措施。

（二）特殊施工机械的需求及解决方案。

（三）冬雨季、高温等环境下的施工措施。

第四节　施工总平面管理

（一）施工现场总平面布置原则。

（二）施工现场总平面布置图。

（三）施工平面管理和现场文明施工管理措施。

第五节　施工质量管理

（一）质量管理方针和目标。

（二）质量保证体系、质量计划、控制要素与控制程序。

（三）工程质量监督的申报意见。

（四）工程检测任务的安排意见。

（五）制定施工质量奖惩办法的原则意见。

第六节　HSE 管理

（一）HSE 体系建立情况，监督参建各方HSE 工作的安排，落实 HSE 责任的措施。

（二）办理与地方政府部门有关手续的安排意见（包括职业卫生、安全、消防、环保、特种设备、海关等）。

（三）设计、施工、试运行投产等阶段危害辨识、评估、控制和应急管理的措施和建议。

（四）安全设施、环境保护设施、消防设施、职业病防护设施、水土保持设施等"三同时"落实措施。

第七节　投资控制措施

（一）按建设顺序的要求，合理安排各单项工程进度及资金使用计划的措施。

（二）控制现场签证的措施。

（三）施工技术方案经济性优化措施。

（四）控制投资的其他措施。

第五章　生产准备及试运投产

第一节　生产准备

（一）组织结构及定员。

（二）人员培训及进场计划。

（三）生产提前介入设计、物资采购、施工安排。

（四）生产物资准备安排。

（五）控制生产准备费用的措施。

（六）环境影响、安全、职业病、水土保

持、土地复垦、消防等专项验收计划。

第二节　试运投产

（一）试运投产方案的编制。

（二）试运投产安排意见。

第六章　项目收尾

（一）交工验收工作与工程建设同步的安排意见。

（二）工程结算工作与工程建设同步的安排意见。

（三）竣工决算工作与工程建设同步的安排意见。

第七章　外事管理

（一）引进工作程序。

（二）外方人员现场服务满足工程需要的措施。

（三）外文技术资料翻译与管理。

（四）出国培训业务管理。

第八章 建设资金管理

第一节 概 况

（一）概算总投资及其费用构成（注明单项工程概算投资）。

（二）分年度建设资金需用计划。

（三）建设资金来源及到位进度计划和措施。

第二节 管 理

（一）资金管理机构、人员编制及职责。

（二）资金管理工作程序。

（三）资金分解控制指标、责任人及措施。

第九章 信息与沟通管理

第一节 信息管理

（一）信息管理计划及实施。

（二）信息安全管理措施。

第二节　沟通管理

（一）沟通计划。

（二）沟通程序及内容。

（三）沟通依据与方式。

（四）沟通障碍与冲突管理。

第十章　风险管理

（一）风险识别。

（二）风险评估。

（三）风险响应程序。

以附件形式列出相关法律法规、标准规范、规章制度、工作流程指引。